好想住
北欧风的家

刘啸◎编

江苏凤凰科学技术出版社

前 言

Preface

在我的认知里，北欧风的重心不仅在于软硬上的搭配，更在于居住者秉承的生活方式和态度。

机缘巧合，能够写下这本书，很幸运。写这个前言，并非想烂大街般地表达写作过程中翻阅了多少资料，耗费了多少时光，熬了多少个夜晚，只是想分享一下自己对设计、对北欧风的一些微末浅见，希望为喜欢北欧风和准备装修北欧风的朋友提供一点干货。

如果你看完本书后觉得对北欧风有一个新的认识，在搭配上少走些弯路，那么我在书的那头，会很开心。

设计对我来说，是一生的追逐，大到生活居所的搭配，小到玩具配饰的挑选，我都追求设计感。经常因为买到一个充满设计感的小玩意儿，爱不释手，暗自窃喜许久。在我看来，设计源于生活且服务于生活，设计的核心围绕着"人"。如果脱离了"人"，那么一切设计都是徒劳无功。所以，居住空间首先应关注舒适度和便捷度，在满足功能的基础上追求美观。

北欧风堪称时下非常流行的家居风格。这本书主要讲北欧风的各个细节和整体软装的搭配，但我更多地是想透过这些文字表达北欧的人文情怀和生活态度。在我的认知里，北欧风的重心不仅在于软硬上的搭配，更在于居住者秉承的生活方式和态度。那份闲适、淡泊的心态才是北欧风的精髓所在，而并非靠沙发、地板这些没有生命和温度的物件去诠释。当然，也希望喜欢北欧风的读者朋友在生活中都能拥有一份淡泊、轻松的心态。

在本书撰写过程中，我经历了很多事情，如搬家、离职等。诚然生活中有很多不如意，但我把这些都当作宝贵的成长经历，无数个励志的深夜还在温杯热茶、查找资料中度过。毕竟，没在深夜赶过稿子的人不足以谈写书嘛！其中很多的感悟是对自己居住环境的感悟，美观舒适的居住环境确实能够舒缓人的心情。

记得那时我住得远，不知不觉加班到晚上十点多，差点错过末班地铁，好不容易赶上，得坐一个半小时左右才能到家。成都就是这样，地铁停运得早，晚上总是下雨。下地铁时已经临近十二点，拖着疲乏的身体、没吃晚饭的肚子，淋着雨步行归家，到家后甩掉湿透的鞋子，打开灯的那一刻，会感觉前所未有的放松和温馨。这种感觉就像婴儿回归母亲的怀抱，这就是家的感觉。

家是个神奇的东西，是传承，是避风的港湾，也是感情的纽带。筑巢是自然界所有动物的天性，人类也不可避免，我们在"筑巢"时的心情是愉悦欢欣的，这份美好格外重要。无论选择北欧风也好，其他风格也罢，请你一定珍惜筑造爱巢时的雀跃感。一辈子值得开心的事并没有想象中得那么多，能有一样就要珍惜一样。

我的人生还没有过半，不敢妄自谈论生命的奥义，但我仍懂得开心的意义。因此，希望每位读者或家居爱好者能够开心地阅读这本书，欢快地筑造属于自己的"家"。

目 录
contents

北欧空间
Nordic Style

软装提案
Schemes of Home Furnishing

北欧空间　Nordic Style

01

生活家的家

盛满阳光的北欧理想家

这是成都摄影师 I 和女主人 G 置办的第一个家，洒满阳光的开放式厨房，迷你观影客厅，安静整洁的卧室，舒适放松的工作间，猫咪的"豪华阳光宅"……空间内的每个角落都盛满阳光，比起传统意义上的北欧风，这个家多了一些"温度"。

硬装整体造型简单，没有多余的装饰，以灰、白色调为主，软装上选择一些偏温暖的色调与之搭配；客厅中，以投影仪取代电视机；纹理清晰的原木茶几与电视柜带给空间更多的质感。

在设计的最初阶段，男主人 I 在北欧风格和日式风格之间来回摇摆，这两种极简的风格一直都是他的心头好。相对而言，日式风格更加含蓄克制，而北欧风格则多了一些干练和不拘小节。直到遇到设计师李佳，在审美和家居理念的彼此认同之下，这个家最终走向了李佳所擅长的北欧风格。展现在我们面前的北欧小家，比传统意义上的北欧之家少了些"冷淡"，多了些许"温度"。

居住成员：2 人和 2 只猫
房屋面积：135 平方米
房屋格局：2 室 2 厅 1 厨 1 卫
主设计师：李佳
设计公司：成都季意设计
项目主材：彩色乳胶漆、实木复合地板、橡木台面、木质百叶窗、白色地铁砖、水泥砖

"自然生长"理念催生下的家

设计师李佳一直坚持"自然生长"的理念，所谓"自然生长"是指房屋居住者才是一个空间最终形态的决定因素。居住者的审美、生活习惯无一不深刻影响着空间，而好的设计师则应该提供"引导"和技术层面的支持。因此，最终呈现的家既能打上设计师的印记，也可以看到居住者对于空间细腻和温暖的渴求。

①

②

① 入户隔板上的玻璃瓶内是新鲜的
尤加利果子，与过道处挂画中
的尤加利叶子相呼应。

② 客厅与阳台打通，增加视觉延伸
感。考虑到男主人I在家的拍摄
需求，设计师在客厅的规划中
舍弃了不必要的装饰，工作时
只要简单收拾一下就能变成宽
敞的影棚。

③ 用投影仪取代电视机，电动幕布
放下即是电视，收起幕布则可
还原成一面干净的墙面。133
寸大的幕布完全能满足夫妇二
人的日常观影需求。

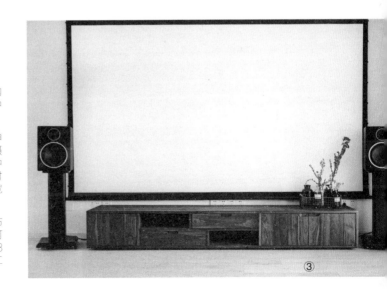

③

①

②

① 将厨房多余的墙体完全拆除，做到全开放，与生活阳台相连通。橡木制作的厨房岛台，比石材多了一分不可替代的温馨。下沉式收纳架既可以起到收纳作用，也极具装饰性，那些既美观又精致的餐具有了展示的平台。

② 餐桌是 2.3 米 ×1 米的长桌，亲朋好友可在此聚餐；两盏吊灯搭配胡桃木色餐桌椅，极简、对称、线条感十足。

③ 胡桃木家具搭配深蓝色背景墙和灰色床品，卧室于低调中尽显品位。

④ 考虑到只有两人居住，设计师把主卧旁边的次卧并入，将主卧变成"套房"。床头并非设置传统的床头灯，而是屋主受设计师的启发，用吊灯手工改造而成。

重整格局　打造开放式空间

整个房子在格局上有着明显的优点，比如，户型方正、南北通透、阔大阳台等。即便如此，设计师仍在格局上做了进一步优化，以满足居住者的空间需求。

设计师做了三处比较大的改动。第一处是打掉厨房的非承重墙，将生活阳台并入厨房，呈现出开放的厨房、餐厅，实现下厨者与家人的无障碍交流。第二处是考虑到平时仅有两人居住的实际情况，打通主卧和相邻的次卧，改造为超大主卧加书房的模式。第三处是打通客厅与阳台的墙体，改造成阳光房＋种植区。

设计师软装搭配重点提示

1. 客厅的半个阳台改造成阳光房 + 种植区，绿植绝对是提升北欧家居空间颜值的利器。

2. 放弃传统的客厅娱乐设施，用投影仪取代电视机，电动幕布放下即是电视，收起幕布则可还原成一面干净的墙面。这样的设计非常适合年轻人在此学习。

3. 时至今日，这个家中仍有许多"未完成"的区域，如书房背景墙上的工作区、准备添置的餐边柜……软装不必一步到位，可以在日常生活中慢慢积累、慢慢发现。

4. 卧室的衣柜做嵌入式，弱化整面柜体的体量感，也可以有效减少视觉疲劳，让空间更显干净清爽。

户型平面图

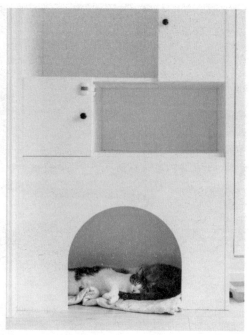

阳台种植区的对面是两只猫咪的"豪宅"，定制的储物柜上，规划了猫咪睡觉和登高玩耍的地方。底部是猫窝，上面的隔板都有洞上下连通，可供它们尽情玩耍。

原户型近 15 平方米的阳台经设计师打造成阳光房＋种植区。组合式花架可以变换出不同的造型，搭配各种网红绿植，成为这个家中最暖心之处。

O2
37 度灰
与猫咪的趣味北欧生活

女主人以前装修时都以父母的意见为主导，这次新房终于可以按照自己的意愿来设计了。女主人是个爱猫人士，养了一只名叫 timi 的小猫。她喜欢朴实、自然的原木感，向往杂乱而有序的北欧生活，希望家里每个物件都能带来惊喜。

客厅、餐厅一体，空间洋溢着朴实、自然的原木气息，这也正是女主人喜欢和向往的杂乱有序的北欧生活。原木地板、高级灰营造出轻松自然的家居氛围。

女主人连家居的主色调都选择和爱猫一样的！在一起生活久了，她反而会自问道，到底是自己收养了这只猫，还是猫恩准了自己进入它的生活？

一百年前，在都柏林的阿贝剧院，诗人叶芝也陷入了相似的处境：剧院里的猫伏在他的衣服上睡着了。你猜叶芝会怎样？他悄无声息地将外套上的那块布剪下来，好让猫继续熟睡。再回到女主人和 timi 的生活空间，把舒适让给这个富有灵性的小生命，这一切显得那么自然。

居住成员：1 人和 1 只猫
房屋面积：89 平方米
房屋格局：3 室 2 厅 1 厨 1 卫
主设计师：孙文清
设计公司：文青设计机构
软装设计：杭州糖果软装
项目主材：实木地板、彩色乳胶漆、六角地转、马赛克瓷砖

为猫咪打造开放活动区

女主人一直希望自家的猫能拥有较宽敞的活动空间，所以设计师把客厅和餐厅规划得特别简洁，整个空间内不做任何隔断；此外，设计师把阳台融入客厅、餐厅，整个公共区域呈现一体化设计。开放式的布局让窗外的美景与光线尽情地在室内穿行，视线毫无阻隔，猫咪可以在此自由漫步，充满了美好与惬意。

① 灰白色的猫咪与灰色的家居空间融为一体，不可否认，猫咪才是这间屋子的真正主人。

② 沙发背景墙采用灰色的乳胶漆，设计师采用高级且不暗沉的浅灰色，调和空间的色彩比例。整体配色仿佛蒙上一层灰调，不张不扬，却让视觉达到完美平衡。

③ 设计师将阳台地面抬高 12 厘米，通过抬高的地面把客厅、餐厅贯穿一体的同时，丰富了空间层次。

"看不见的"收纳 化整为零

在这个不足 90 平方米的空间内，设计师对收纳的规划也格外用心，将丰富的储物空间隐形于角角落落，处处都是设计师在收纳上的巧思。

玄关处白色的储物柜做了简约的柜门设计，嵌入式玄关柜与储物柜毫不突兀，构成完整的墙面。餐厅旁边做了一个隐藏式的饰面杂物柜，通过灰色的木饰面调节整个空间的比例，无形中扩大了小户型的面积。

③

④

① 玄关处白色的储物柜做了简约的柜门设计，嵌入式玄关柜与储物柜和墙面连为一体。灰色墙面与白色柜体相结合，在阳光的照射下呈现出深浅不一的效果。

② 空间以高脚台灯、木茶几等北欧元素装饰点缀，老木头面板的茶几与餐厅的长餐桌一高一低、一大一小，相互附和，尽显生活中的自由乐趣。

③ 沙发旁边配上一株琴叶榕，烘托出客厅空间的立体感。

④ 设计师特别选用不规则的老木头作为餐桌桌面，巧妙地把自然与时尚元素结合起来。餐厅旁边做了一个隐藏式的杂物柜，通过灰色的木饰面调节整个空间的比例。

设计师软装搭配重点提示

1. 北欧地区纬度较高，冬季较为漫长，在进行北欧风格设计时，需要保证足够的采光，而简单大气的黑、白、灰最能展现空间和采光的颜色。

2. 在一体化灰色空间内，可在沙发的抱枕上增加一些多彩的几何图案，为空间增添活力和灵气。

3. 客厅沙发旁边的钟表是为了装饰空间，软装搭配上改变一下传统的摆放方式，让家更显随性、自在。

4. 绿植的装饰效果不容小觑，琴叶榕、龟背竹、尤加利、多肉等网红绿植散落在空间各处，搭配精美的容器，带出自然文艺的气息。

户型平面图

②

③

① 次卧床头柜一角，书桌放在此处恰到好处，设计师对每个软装细节都精心布置。

② 主卧床头板设计为 1.1 米高，面积不大的卧室有了更好的视觉延伸感。后期设计师为其定制了一个无靠背的床框，塑造简洁的效果，也为卧室节省更多空间。

③ 次卧表达无拘无束的空间氛围，吊灯直接从屋顶垂下，不占据视觉空间，也为桌面节省的更多地方，以放置其他心爱的物品。

O3

喜欢你

78 平方米的北欧小清新设计

这间房子的主人是壹阁设计工作室的员工小白，房子的设计集合了工作室每个人的智慧、心血和爱，也因此成为整个团队"爱的结晶"。就像工作室所有成员共同料理出的一道甜点，这道甜点有一个非常甜蜜的名字——"喜欢你"。

从客厅看餐厅，不规则的拼色墙面是整个空间设计的亮点，搭配粉粉嫩嫩的沙发、单椅和落地灯，营造出富有活力、温馨浪漫的空间氛围。

每个人在生命中的某个阶段是需要某种热闹的。那时，饱满的生命需要向外奔突，为自己寻找一条河道，确定一个流向。比如，在生活的某个阶段，我们需要迎着新的风尚，创造新的生活。这就是设计师钟莉想通过这个设计传达的——确定流向之后，一种丰富且安静的理想境界。

"喜欢你"这个设计看起来就像一道甜点，色彩的诱惑，让人浮想联翩却又无法抗拒。整个人都会沉溺于这甜甜的感觉之中，好像光滑润泽又紧绷的表皮，覆盖着属于青春与阳光的粉嫩；轻咬一下，内里松软。各种各样的粉橘、粉蓝，皆是青春少女独爱的颜色。

居住成员：1 人和 1 只狗
房屋面积：78 平方米
房屋格局：2 室 1 厅 1 厨 1 卫
主设计师：钟莉
设计公司：壹阁高端室内设计事务所
项目主材：复合木地板、彩色乳胶漆、地铁砖、饰面板、大理石吧台

墙面拼色　凸显活力

空间设计的独特之处在于设计师钟莉对墙面的拼色处理。背景墙的拼色大多倚仗于大面积的颜色组合而形成的崭新的空间感，最终影响人的第二层感官和情绪，起到聚焦视觉的作用，同时让软装搭配更有活力，因此受到了设计师的追捧和喜爱。无论多色拼色还是双色拼色，都是北欧家居中时常用到的空间营造方案。

① 一台电脑、一盘小食、一杯热咖啡，
　在家就可以美美地度过一个悠闲
　的时光！

② 整个空间以马卡龙色系作为主题，
　二、三层空间加入原木色，以丰富
　空间层次，营造出温馨浪漫的情
　调。将电视机柜融入背景墙之中，
　并把插座隐藏起来，整个墙面看
　起来足够干净清爽。

③ 客厅沙发背景墙面，看似简洁淡雅
　的色彩与结构搭配，却在不经意
　间触动人的灵魂；空间中时刻散
　发着色彩的张力与清新自然之感。

客厅一角，女孩在粉色系的面前是毫无抵抗力的。设计师将甜蜜的马克龙色系运用在空间和家具的细节中，形成丰富的空间层次。

马卡龙色系的巧妙运用

马卡龙（Macarons），是用蛋白、杏仁粉、白砂糖和糖霜所做的法式圆饼，以其酥脆的口感、小巧的造型、梦幻的色彩赢得了广大少女的喜爱。马卡龙之所以广受欢迎，与其甜蜜浪漫、缤纷多彩的配色有着密不可分的关系，因此马卡龙色系广泛运用于家居设计和服装设计等领域；此外，在压力日益变大的都市中，浪漫的色彩可以舒缓人们内心的紧张与压抑。

在这个设计中，设计师以马卡龙色系作为主题色。空间中运用了非常多的色彩元素，粉蓝色、粉红色、粉橘色……彰显少女情怀，营造出温馨浪漫、马卡龙般的甜蜜氛围。

① 开放式厨房、餐厅，在进行空间设计时，设计师放弃传统的餐桌形式，设计一个吧台，并与岛台相连接，在形式上赋予空间美感，而且在使用上更加人性化。

② 色块再一次碰撞、交融、延伸；在这样多彩的空间内，主人可以一边忙家务，一边招呼客人，或与家人互动，一笑一语间承载着不可言说的幸福。

设计师软装搭配重点提示

1. 马卡龙色系的客厅建议使用淡雅的颜色作为墙面的基础色，在确定家具主色调的基础上，可通过不同颜色的小物件彰显清新明快的风格；色彩把握应得当，马卡龙色系可适合各个年龄段。

2. 客厅做吊灯会让小户型空间更显局促，这也是无主灯设计在当下愈发流行的原因。因此，客厅的照明采用嵌入式筒灯，辅以局部落地灯照明。

3. 客厅的沙发和小茶几，卧室的床头柜和床上四件套，都可以考虑做撞色或拼色处理，使空间的色调和层次更加丰富、多样。

① 床品以浅粉色为主，彰显少女情怀，带给人舒适温暖的视觉感受。

② 卧室的床整体就是一道"秀色可餐的甜点"，浅粉色的床品搭配原木色的床头板、巧克力色的地板，素雅简洁，洋溢着别样的浪漫气息。

③ 卧室床头背景墙采用木饰面上墙的设计手法，与客厅的电视背景墙——呼应，木质的温润感也与整个空间的甜蜜氛围相吻合；绿植的加入让卧室更富生机。

户型平面图

厨房

餐厅

生间

衣帽间

客厅

次卧

主卧

04

Yellow

十年老房的华丽转身

本案例为旧房改造项目，以浅灰色、原木色为主色调，全屋的设计亮点在于厨房旁边的明黄色谷仓门，既节约了使用面积，又给整个房子增添了欢快、愉悦的氛围，故设计师将其命名为"yellow"。

餐厅背景墙上的挂画均为设计师自寻素材、布局排版、最后打印而成；一旁的伸缩式壁灯与明黄色谷仓门在色彩上形成呼应，成为空间的色彩点缀。

这是一个拥有十年房龄的旧房改造项目，房子主人是一位正处于创业初期的单身男性，有着对家的理解与憧憬。他希望今后独居的这个小房子格调独特、个性十足，并拥有充足的收纳空间，最好能成为自己远离喧嚣的避风港。

这也是一次"关于信任"的设计之旅，独立设计师杜雪莹与男主人从最初的陌生到如今的熟识，情谊铸成靠的就是这个旧房改造项目。独立设计师的路很漫长，但她（杜雪莹）坚信：只要能得到更多业主的肯定，存在就有意义。

居住成员：1人
房屋面积：88 平方米
房屋格局： 2室2厅1厨1卫
主设计师：杜雪莹（独立设计师）
项目主材：实木复合地板、白色乳胶漆、彩色乳胶漆、白色小方砖、复古花砖、谷仓门

微调格局 优化功能分区

房子的原始户型没有太大缺陷，唯一的不足是厨房空间较小，缺少操作台面，因此，设计师将厨房与生活阳台之间的半墙打掉，将生活阳台并进厨房。此外，客厅外的景观阳台原先为开放式阳台，后期设计师移除客厅与阳台之间的推拉门，将阳台纳入客厅，并改造为小书房，书桌旁添置书架，增加书房的储物功能。

微调格局之后，该户型的功能分区更加完善，大大提高了房屋的空间利用率。

① 阳台一侧布置为1平方米的小书房，旁边的开放式架既可以简单地摆放一些书籍，也可以收纳杂物。
② 从餐厅方向看客厅，整个空间清爽、简洁又大气，符合年轻人的装修品位；沙发上的黄色抱枕与餐厅区的谷仓门、壁灯相互呼应，点亮了空间。
③ 客厅的电视背景墙未做造型，只是随意摆放一些男主人喜欢的软装饰品以增添氛围，如同一幅静止的水彩画布景。

厨房的黄色谷仓门十分亮眼，既节省了空间，又增添了愉悦、欢快的氛围；与餐厅的黄色壁灯遥相呼应，轻松、活泼。

柠檬黄把家点亮

房子位于八楼，对面没有高层建筑物遮挡，采光非常好，所以全屋采用灰色系乳胶漆以增加墙面质感。在色彩搭配上，以浅灰色、原木色为主色调，空间最亮眼的设计是对柠檬黄的巧妙运用，美观的谷仓门、伸缩摇臂灯、个性抱枕和挂画，散落各处。设计师将柠黄色贯穿始终，柠檬黄不仅为室内带来灵动与跳跃的气息，更成为各功能区相连的线索。

① 厨房以白色为主色调，搭配复古花砖，整个空间清爽活泼。洗菜盆区域是原先的生活阳台，归入厨房后，有效提升了空间的利用率，橱柜操作台面更显宽裕。

② 将洗衣机置在橱柜台面下，旁边的搓衣池既方便清洗一些手洗衣物，又提前解决了未来因家庭人口增加造成的早晨上班时间"盥洗池打架"的困扰。

户型平面图

设计师软装搭配重点提示

1. 全屋均采用无主灯设计，用投射灯来取代主灯，既强化了房屋的设计感，也在视觉上拉高了层高，一举两得。

2. 无论客厅沙发背景墙上的挂画，还是餐厅背景墙上的挂画等，均为设计师自选自制，在网上选购素材，并亲自布局排版，最后打印而成。全屋约 15 幅内容、尺寸不一的挂画，总花费不足千元。

3. 小户型在家具配置上，尽量选用体量小、灵巧便携的款式，比如，客厅的小茶几、卧室的床头柜，几乎不占据视觉空间，又能满足基本的功能需求。

4. 次卧处于"未完成"状态，鉴于男主人尚在单身，除了定制一款储物柜外，不放置其他家具，赋予空间无限可能。

① 采用宜家小梯子做床头柜，简约到刚刚好；个性的黄色吊灯成为卧室的点睛之笔。

② 主卧 1.8 米的床靠窗放置，为衣柜和床之间留出足够的通道。房间通过灯带和床头吊灯获取采光，无主灯设计也让较狭小的卧室看起来更加大气。

③ 由于业主经常独居，设计师将次卧暂时作为一个可变的多功能房来规划，定制了 1.8 米宽、顶天立地的大衣柜，以增加储物空间。

④ 卫生间只有 2 平方米，盥洗池台面直接落地，防止柜体受潮。略带工业风的黑色淋浴花洒既彰显出男主人的个性，也与地面的黑白花砖相呼应。

05

田园牧歌

60 后夫妇的不一样北欧风

很难想象这套位于杭州城北 89 平方米的北欧风格公寓的主人是竟是一对 60 后的夫妇，开放式的格局、粗犷的文化砖、个性的木地板上墙以及酷劲十足的配色……的确是这样，看来只要有年轻和开放的心态，家就可以是想要的任何样子。

客厅、餐厅连在一起，整面的落地窗为空间带来充足的采光，简约的布艺沙发、黑白装饰挂画、个性的绿植混搭出独特的魅力；"小细腿"的胡桃木家具让地面空间更显通透。

房子的女主人丫姐是一位年龄与本案设计师周轩昂的母亲相仿的成熟女性，她干练睿智，热爱生活，追求时尚。隔代之间的审美和生活方式差异鸿沟似乎在丫姐和设计师之间不攻自破。

基于丫姐毫无保留的信任，设计师从格局改造到全屋软硬装设计，以及每一件家具的搭配都做到全程把控，最终打造了这套完成度较高的北欧理想宅。

文化砖、木地板上墙

走入屋内，最亮眼的是客厅的个性背景墙面。设计师在客厅墙面材料的运用上"煞费苦心"，沙发背景墙铺贴的是文化砖。文化砖分为两种，一种是直接铺贴，后期需要刷漆；另一种则不需要。此处的白色文化砖铺贴之后，又刷了一层白色乳胶漆，文艺气息更加浓郁。客厅的另一侧墙面，也是屋主人最喜爱的一角，采用木地板上墙的手法，与室外的自然景观形成良好的呼应。

居住成员：夫妇 2 人
室内面积：89 平方米
房屋格局：2 室 2 厅 1 厨 1 卫
主设计师：周轩昂（独立设计师）
项目主材：进口强化地板、进口实木复合地板、彩色乳胶漆、文化砖、谷仓门、防水石膏顶

设计注释：
文化砖是一种人造石，是近年来比较流行的墙面装饰材料，有助于营造艺术化的空间氛围，价格在 80 ～ 200 元 / 平方米。

户型平面图

① 客厅沙发背景墙上先铺贴白色文化砖，之后又刷了一层白色乳胶漆，因此更具质感，也让屋子多了一股儿时的怀旧情怀。

② 客厅、餐厅、厨房呈开放式设计，餐厅和厨房之间采用玻璃推拉移门作为隔断，自由通透。整个空间既有北欧简约风，也洋溢着美式的温馨，同时带有几分东方禅韵。

客厅一角，自成小景。沙发背景墙上，
设计师专门搭配一组画风活泼的照
片墙，超级大字母、龟背竹、猫咪
头像……倍显年轻活力。

当阳光遇到原木家具

客厅地面上铺设的是进口强化地板,透过巨大的落地窗将自然光线引入室内,而白色墙面让空间更显宽敞。

采光最好的区域留给餐厅,成套的黑胡桃实木家具在阳光的照射下熠熠生辉,不禁让人想到:阳光与原木竟然如此般配。整套"小细腿"家具让空间更显轻盈,午后安静地坐在这里,暖暖的阳光洒在身上,享受一天中最惬意的时光。

① 厨房是经典的黑白配,墙面是 10 厘米 × 10 厘米的白色小方砖,地面是黑白拼花瓷砖,搭配白色橱柜和黑色台面,整个空间简洁流畅、时尚大气。

② 采光最好的区域留给餐厅,整套黑胡桃实木家具在清新个性的空间氛围中略带一点沉静。

设计师软装搭配重点提示

1. 看腻了普通的大白墙，不妨尝试一下经济又百搭的文化砖，或以木饰面上墙，空间质感瞬间提升不少。

2. 钢琴键挂衣钩、原木衣架、金属花架等软装小物件，可以让空间的各个角落形成对话，整体风格也变得饱满。

3. 谷仓门是原用于西方谷仓的外用门，因其独特的风格与实用价值沿用在室内装饰中，在屋内安置一扇谷仓门，北欧气息更加浓郁。

4. 小户型空间中，在家具选择上可以重点考虑北欧原木"小细腿"款式，轻盈、纤细、充满呼吸感，不占据视觉空间，让地面空间更显通透。

①

① 挂衣架的选择充分体现了设计师的巧思，正是这些细小的装饰物，让屋子的各个角落形成对话与呼应。

② 主卧浅蓝色 + 白橡木色 + 抹茶绿，色彩丰富而轻盈。壁灯上下发出柔和的光，既可实现床头照明，又巧妙地装点了墙面。

③ 到顶的白色烤漆衣柜简约时尚，满足屋主人的储物需求。旁边的白橡木衣架自由百搭，可以解决零碎收纳的尴尬问题。

④ 卫生间移门采用专门定制的白色谷仓门，成为空间的视觉焦点。

⑤ 卫生间干湿分离，以灰、白两色为主，点缀少量黑色、灰色。墙面是白色地铁砖，地面搭配六角地砖，立体感十足。

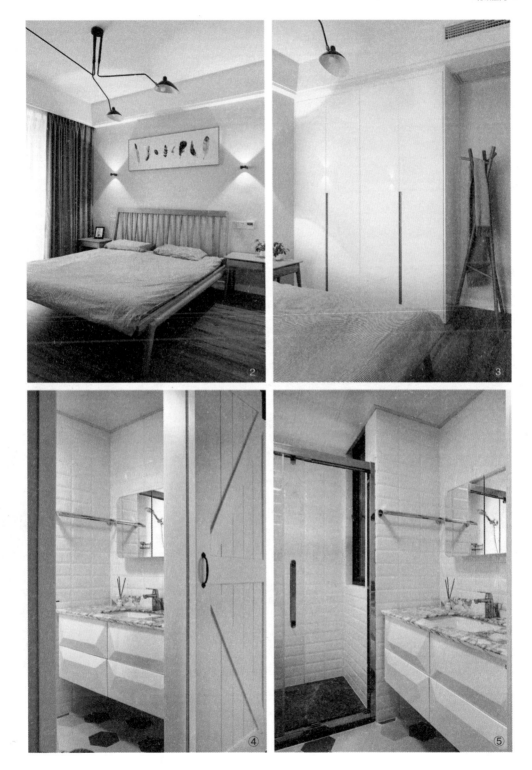

06

北欧空灵

在光与自由之间来回穿梭

快一点，再快一点，你的身体已经跟不上灵魂的速度；慢一点，再慢一点，北欧人用他们的生活方式阐释什么才是真正的幸福。本案例最初定位为"像北欧人一样生活"：简约、自然、幸福。整体设计大气通透，简约的结构与舒适的功能完美结合，营造出轻松随性的生活氛围。

公共区域整体动线流畅，各区域彼此互通；简洁的配色和凝练的设计线条，让空间显得大而宽阔，尽显空灵之美。

"像北欧人一样生活"是本案例主设计师张肖最初的想法。空间的极致简约还原了北欧至净的生活，简洁的色调让空间仿佛一张洁白的画纸，随着时间的推移，晕染出浅淡的生活情调。

屋主人崇尚北欧风的简约优雅，同时又担心空间过于寡淡乏味、单调冰冷。于此，设计师充分发挥软装饰品的点缀效果，加入静谧蓝与绿植，让空间中黑、白、灰三色的搭配变得俏皮灵动。

居住成员：3 人
房屋面积：120 平方米
房屋格局：3 室 2 厅 1 厨 1 卫
主设计师：张肖
软装设计师：周书砚
设计公司：重庆双宝设计机构
项目主材：白色大理石、实木复合地板、白色乳胶漆、榻榻米

开放布局 动线合理

北欧空间讲求开放式布局，设计师拆除多余的墙体，重新调整的功能区，让公共区域更显通透明亮。客厅、餐厅、厨房、会客室，各区域彼此互通，尽显空灵之美。主卧和相临的书房延续公共区域开放式的设计理念，形成一个既开放又相对独立的多功能空间。统一的木元素不仅让室内紧密相连，更营造出轻松惬意的空间氛围。

户型平面图

① 客厅是家居空间的核心区域，设计师以白色为主色调，用原木色地板衬托北欧风格，家具、挂画恰到好处地点亮了空间。整体给人以简洁、清爽之感，北欧氛围非常浓郁。

② 软装上，北欧经典的几何形地毯、沙发抱枕、墙面风格挂画与整体色调交相辉映。

③ 挂画不仅可以挂在背景墙上，也可以摆放在柜子上，根据不同的空间进行色彩搭配，提升空间品质。

色彩搭配　活跃空间

设计师遵循北欧空间色彩搭配的原则，以经典的黑、白、灰三色为基底，并搭配原木地板和家具。为了避免空间产生乏味之感，在后期软装的配色上选取水晶粉、静谧蓝两种点缀色。这两种源于大自然的色彩，海水（蓝）和夕阳（粉）的色彩结合，为空间提供了温暖与宁静并存的心灵平衡。

① 餐厅黑与白的单色融合，尽显几分纯洁美。纯白大理石吧台面搭配白、黑两色高脚凳，拼凑出清爽的视觉效果。

② 既是西式的吧台，也是中式的餐桌，实现一物多用；搭配质感的餐具和水培龟背竹，让用餐更有情调。

榻榻米升降台，实现了一室多用的功能。
将台面升起，房间即刻转换成会客厅，
可以聊天、喝茶、下棋……降下台面，
又可作为临时客房。

设计师软装搭配重点提示

1. 北欧风的黑、白、灰配色易显得生冷，为此需在配色和家具材质的挑选上增加温润感。原木家具和色彩丰富的软装小饰品，如抱枕、地毯、挂画，都是不错的选择。

2. 极富个性的挂画和摆件是提升空间品质的亮点，北欧家居空间中当然必不可少。搭配时不可急于求成，在日后的生活中可以慢慢添置。

3. 北欧风有了，怎么少得了那一片绿意呢？琴叶榕、龟背竹、量天尺、仙人掌等装饰性极强的绿色植物，绝对能让北欧风情更加浓郁。

① 火烈鸟象征忠贞不渝的爱情，放在此处既彰显出设计师的浪漫情怀，也恰到好处地点亮了空间。

② 主卧和书房相通，两个区域既融合开放又各自独立，此乃"隔而不断"。

③ 书房放置了整排顶天立地的衣柜，满足日常收纳需求，同时兼具衣帽间之用。

④ 会客室的家具、摆件十分精美：深蓝色的小沙发搭配原木家具，打破了空间的单调。北欧风的营造少不了充满心机的小饰物和富有生命力的绿植。

⑤ 北极熊创意书架，栩栩如生的造型，诠释了清新自然的北欧风情，与其他软装饰品相得益彰，尽显屋主的个性与品位。

07

荷拉的静谧生活

将客厅打造成家庭图书馆

本案例的屋主荷拉是一名大学教师，她热爱阅读，藏书丰富，希望把家布置得像图书馆一样，让孩子回到家就可以享受阅读时光。设计师将客厅的焦点设置为一整面的开放式书柜，将屋主的习惯与喜好融入设计中，让整个房间兼具完善的功能和丰富的故事性。

整面的嵌入式书柜是空间设计的最大亮点，彰显出屋主独特的书香情节，让书成为家中最好的软装饰品！

入住一段时间后，屋主荷拉告诉设计师熊志伟，现在孩子每天放学回到家，就喜欢坐在客厅地毯上看书，像个小大人一样享受阅读时光。后来，邻居家的孩子也开始喜欢到她家来看书。周末一到，这里俨然成了一个家庭图书馆。荷拉说："忙碌之余，看到这群小精灵一起捧着书在客厅里快乐地阅读，真是一件美好的事情！"

居住成员：3人（夫妇＋孩子）
房屋面积：91平方米
房屋格局：3室2厅1厨1卫
主设计师：熊志伟
摄影师：艾荣
设计公司：深圳涵瑜设计工作室
项目主材：复合木地板、彩色乳胶漆、木纹砖、全屋定制家具

一面书柜成就一个家庭图书馆

大部分的家庭客厅都以电视机为中心，但本案例的设计亮点正在于客厅的一整面开放式书柜。结合屋主的个性需求，设计师把客厅打造为一个颇具气质的家庭图书馆。这样的设计充分体现北欧家居的自然、随性、以人为本，并且注重功能需求。漾着实木清香的地板似乎在欢迎读书者席地而坐，各类书籍触手可及，阅读的氛围随之而来。

① 开放式的书柜取、放图书十分方便，孩子们的书放在下面几层，大人的书则放得高些。

② 自从客厅采用这种家庭阅读室的形式以来，每逢周末，这里就变成孩子们"书的海洋"。每个家都有自身独特的"味道"，而这个家散发着阵阵书香。

③ 电视墙打造成极简北欧风，简约又有质感的电视机柜、孑然独立的电视机、种植在编织篮里的琴叶榕，整体搭配协调柔和。

户型平面图

全屋定制　满足个性需求

全屋定制是一项集家具设计及定制、安装等服务于一体的家居定制解决方案，根据业主的个性设计要求打造出专属的家具。在装修日益凸显个性和审美的背景下，全屋定制也将成为今后家具发展的新潮流。

这个家中的不少家具都来自全屋定制，如客厅的整体书柜、餐厅的餐边柜，以及卧室的整体衣柜和书柜，极大地提高了空间利用率，也使整个空间看起来线条利落、质感细密。

① 将北欧风最注重的原木韵味融入整体区域，无过多的纹样装饰，便打造出一个简约质感的北欧风情餐厅。

② 餐边柜一景，软装小品也格外精致，细节处流露着设计者的功底。

③ 在色系、软装的拿捏上，设计师侧重原木的表现力，以两幅简约的挂画打破了全实木的视觉膨胀感。

④ 将阳台改造成阳光房，加入吧台、高脚凳、吊扇灯、竹帘等元素，精心选用略显斑驳的木纹砖，凸显时光沉淀的韵味。捧一卷书，沏一壶茶，伴着绿植清香，方寸之间便是整个世界。

设计师软装搭配重点提示

1.书籍不仅是人类进步的阶梯,也是一个家最好的装饰品。想要自己的家看起来与众不同,可以尝试打造一些书柜或置物架,摆放平时购买和收藏的书籍,用书装点出属于自己的家。

2. 全屋定制将会成为今后家具发展的一大趋势,根据自身的个性需求和房子的户型特点,可选择全屋定制产品,但价格偏贵。

3. 北欧家居格外讲究灯具的搭配,无主灯的设计越来越受欢迎,搭配轨道灯、高颜值立灯,将灯具上升到灯饰的高度,成为空间不可或缺的软装点缀。

① 主卧以文艺白、原木色为主基调,没有过多装饰,卧室内的所有材质或袒露出原有的肌理与质感,或融入空间背景中,接近自然的原生态之美。

② 将一面开放式储物柜设置在书桌旁,方便屋主随时取阅书籍,同时赋予卧室双重功能。在这样的原木空间里,伴着咖啡或茶香,畅游在自我沉思的世界中。

儿童房以白色打底，加入原木的清新韵味，床头的画是小生人自己创作的，设计师就地取材，搭配北欧鹿头挂件，形成一组错落有致的床头装饰。

O8
灰度空间
将高级灰进行到底的北欧小宅

每一个文艺青年对家都有着美好的想象——黑、白、灰的高冷，理性的几何线条，合理的空间布局，不失明亮的温暖。要讲究，不将就，这座位于苏州的房子诠释了如何将高级灰进行到底。

开放的公共空间，以灰、白、原木为主色调，营造出利落沉稳的视觉感受；书籍、挂画的点缀，让空间多了一分艺术气息。

叶怡兰在《家的模样》中说："居家是生活的容器，家会决定你生活的样貌、节奏、内容。"其实，这句话反过来说也成立，你生活的样貌、节奏、内容也决定着家的模样。屋主是一个热爱生活的文艺男青年，他相信"装修是一场与生活有关的修行，每一个细节都蕴藏着对生活的追求"。

主设计师何亚娟与屋主在设计理念上一拍即合，从飞尘漫天，到方案的完美落地，最终这个完成度非常高的"灰度空间"得以呈现在大家面前。

居住成员：1人
房屋面积：85 平方米
房屋格局：2 室 2 厅 1 厨 1 卫
主设计师：何亚娟
参与设计：陈秋成、朱峰
设计公司：晓安设计
项目主材：实木复合地板、木纹地板、彩色乳胶漆、铁艺隔断、钢化玻璃

将高级灰进行到底

色彩是所有软装元素中让人印象最为深刻的一个，进入室内空间，最具视觉冲击力的便是色彩搭配，其次才是造型、材质、家具等。

在整个空间中，主设计师配色内敛、克制且纯粹，空间内没有多余的色彩，将黑、白、灰运用到极致。客厅、餐厅、卧室无不延续着一致的配色方案，赋予空间理性之美。这样的设计也抓住了北欧风配色的精髓，简洁凝练，不蔓不枝。

户型平面图

① 从书房位置看客厅，沙发背景墙上装饰画中心位置的黄色自行车不经意间暴露了设计师的"小心思"。

② 屋主是极简主义的崇尚者，对黑、白、灰有着偏执般的钟爱。房子没有过多的点缀，设计师用理性的线条勾勒出感性之外的硬朗与独立，营造出帅气、冷静的格调空间。

③ 客厅整体以黑、白、灰为基调，充满质感的窗帘、舒适的布艺沙发、造型灵巧的小茶几……非灰即黑，空间展现出克制的纯粹，目力所及毫无杂质。

双空间的虚实呈现，形成"隔而不断"的视觉体验，又让彼此之间有了延伸。餐厅与书房内嵌式书架与隔断的结合，是对收纳的一种全新探索。

软装饰品点缀雅致生活

简约理性的北欧风中，设计师运用不少细节处理，以平衡冷与暖、柔软与硬朗之间的关系。如客厅的电视背景墙上，预留出一定空间，将木头码成小堆，带入自然的质朴感，以柔滑整个灰调空间。或者，在餐厅的白色墙面上挂置一幅抽象艺术画，在卧室悬挂一抹亮眼的明黄色窗帘，提升空间品位。

在屋主眼里，室内的每一寸空间都值得细细琢磨。无论大件的沙发、餐桌椅，还是小件的配饰，背后都凝聚着设计师的心血，也为空间带来更多的精致与格调。

① 餐厅通过背景墙上的挂画提升质感，抽象的艺术画作恰到好处地点缀了深色空间，搭配头顶的花枝形吊灯，更添生活情调。

② 采光最好的位置留给书房，嵌入式书柜与空间很好地融合在一起。黑色书柜、铁艺隔断与白色书桌，一深一浅，极具视觉冲击力。

① 主卧木纹地板上墙的设计手法，增加了灰色空间的温润感，以饱和度较高的明黄色、草绿色点缀，营造出舒适清新的视觉感受。

② 次卧造型简单，在配色上延续灰色和黑色，维持设计的整体感；墙面没有任何装饰，避免造成小空间的负担。

③ 飘窗一角，阳光充足，随手取一本书，泡一杯茶，生活当如是。

④ 阳台一侧，铁艺花架上放置不同规格的隔板，可以打造成立体的植物角。

设计师软装搭配重点提示

1. 打造北欧风的家，在配色上可以重点考虑黑、白、灰的基础色调，这是一个基本不会出错的色彩搭配方法。

2. 客厅、餐厅的大面积留白有效地放大了室内空间，这样的设计非常适合小户型空间。

3. 家具的选择上仍以小体量为主，极具线条感的小茶几、北欧单椅、原木餐桌在无形中扩大了空间的视觉面积。

4. 软装点缀必不可少，个性的挂画、跳色的抱枕、工艺小摆件等，为居室带来耳目一新的感觉，对提升整个空间的质感也大有裨益。

O9

阿卡迪亚

90 后男青年的"居心地"

本案例的屋主是一位 26 岁的男青年，他性格温和，爱美，爱花草，爱无拘无束的生活。这个房子未来就他一个人住，对于这个家，他希望让自己慢下来，成为真正属于自己的独立之所，触手所及更多的是柔软。

根据屋主的需求，设计师将两间卧室合并之后，卧室面积近 20 平方米，成为一个集睡眠、休闲、阅读于一体的多功能空间。

北欧美学属于当下大热潮流，唯需巧妙演绎才能尽显个性。设计师曾磊在方案设计中格外注重融入屋主的生活方式和个性需求。因为日常居住只有男屋主一人，设计之初曾磊就将这间房子定位为单身公寓，弱化储物性、隐私性，强调舒适感、体验度，同时将北欧风的自在、随性贯穿始终。

居住成员：1人
房屋面积：60平方米
房屋格局：1室2厅1厨1卫
主设计师：曾磊
设计公司：张成室内设计工作室
项目主材：彩色乳胶漆、强化木地板、饰面板、榻榻米、黑框玻璃移门

重整格局打造舒适空间

原始房型是一套标准的小两房，两间卧室的面积都非常小，小的次卧加上阳台只有5平方米左右，大的主卧也不足10平方米。鉴于房子近段时间只有男屋主一人住，设计师对户型进行大胆改造，将两间卧室打通，改造成包括卫生间、休闲区在内的19平方米大套间。这样的设计，符合屋主独自生活的行为模式，体现了更加多元的使用方式。

① 阳台的多肉角，一个大男生喜欢多肉植物也不足为怪吧。

② 为了让空间不显单调，并且营造自然清新的氛围，电视墙采用饰面板；客厅无主灯的设计也很北欧，外置简灯，一方面节约了预算，另一方面让空间更显干净清爽。

③ 简约的空间内需要一些色彩元素来提亮视觉效果，明黄色的三人位布艺沙发是客厅的视觉焦点，搭配家中的绿植，带来活力与生机。

① 厨房与餐厅相连，不规则的组合挂画与涂鸦感的桌布看似混搭，却别有情调，契合了年轻人的生活需求。

② 设计师特意选择不同款式与色彩的餐椅，分别为 TOLIX 金属椅和贝尔托亚金属椅，这种随意的搭配手法在北欧风格中非常常见。

③ 拆除卧室的非承重墙，把卧室门改为美观的黑框玻璃移门，各个空间的采光度都有所提高。

④ 从客厅看卧室，因为房子为屋主独居，对私密性要求不高，隔断的设计是整个空间改造的最大亮点。

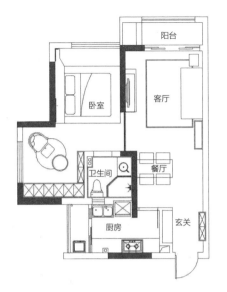

户型平面图

弹性隔间再现阳光生活

大面积的采光是北欧风的"王道"。为了尽可能地增加空间的体量感、层次感，在有限的采光条件下，设计师拆除不必要的墙体，以开放式的布局为空间带来通透明亮的视觉效果。如卧室和客厅之间的墙体，改为通透的黑框玻璃移门，空间与空间有了更多"暧昧"，同时实现彼此之间的借光。透光性极强的玻璃让阳光可以在整个空间内自由穿梭。

设计师软装搭配重点提示

1. 北欧家居中善用绿植做软装点缀，并且最好不要带花，琴叶榕、龟背竹、量天尺等体量较大的单体植物是北欧空间中"出镜率"较高的单品。

2. 在单调的墙面上，挂上几幅合适的艺术画作，为空间带来意想不到的视觉效果。

3. 灯光是北欧家居中不可或缺的元素，除了设置大面积的落地窗引入自然光外，采用投射灯或筒灯代替吊灯，也是非常不错的选择。

4. 在这个案例中，餐厅混搭了酷酷的工业风格，涂鸦感的桌布和 TOLIX 金属椅、贝尔托亚金属椅彰显出屋主独特的品位。

① 改造后的卧室面积为 19 平方米，非常宽敞，空间包括睡眠区和休闲区，实现了屋主对自在随性的功能需求。朋友送的 2 米多高的琴叶榕，十分抢眼。

② 卧室的榻榻米床为一体定制，榻榻米右边打造成壁龛式的储物空间，也可充当床头柜；床头最左侧预留灯带，方便晚上起夜。

卧室的休闲区放置了一把单人椅和一个小边几，旁边是顶天立地衣柜，衣柜门板选用的是仿木纹材质；此处可供屋主换衣服和休闲喝茶，将休闲和艺术完美结合。

10

沛小姐的奇幻城堡

硬朗与温柔共存的北欧小天地

屋主沛沛，戴一副金属眼镜，头扎简单的马尾，朴素又秀气；IT 公司从业人员，一个很有想法的单身女生；独自供房，关于房子的一切都由她做主。也正因如此，装修资金压力比较大，所以设计师必须将预算用在刀刃上。

客厅、餐厅采用开放式格局，两扇落地大窗可以保证公共空间的充足采光。设计师抓住北欧设计的精髓，最大限度地利用自然光。

本案例的灵感来自一部美国电影——《佩小姐的奇幻城堡》，恰好女主人的名字叫沛沛，因此设计师李文彬将之命名为"沛小姐的奇幻城堡"。

屋主青睐硬朗简单的硬装，但又想兼顾女性的柔美，所以设计师在软装配色上选用暖黄色，并且在材质上尽可能搭配棉、毛、毛线等柔软的单品。整个空间深深打上了简单随性的烙印，阔大的落地窗让室内充满阳光和正能量，强烈的撞色提升了空间的"精气神"。

居住成员：1 人
房屋面积：97 平方米
房屋格局：3 室 2 厅 1 厨 2 卫
主设计师：李文彬
设计公司：弥桃空间设计工作室
项目主材：实木复合地板、木纹砖、彩色乳胶漆、文化砖、彩色花纹砖、防水铝扣板

精选北欧家具　营造空间感

为了满足沛沛对北欧风的追求，设计师除了大量运用木质元素和大胆的撞色外，伊姆斯休闲椅、蝴蝶椅、TOLIX 金属椅、天女散花吊灯、线性吊灯等一系列北欧经典家具和灯饰也恰到好处地运用在空间各处，彰显屋主独特的生活品位。

餐厅使用全实木的餐桌，餐椅分别是伊姆斯休闲椅和 TOLIX 金属椅，黄色的金属椅刚好与沙发相呼应，提升了空间的"精气神"。

天女散花吊灯解决了客厅、餐厅一体且天花板宽敞又单调的问题，伊姆斯休闲椅和蝴蝶椅既可节约成本，又能提升空间品质。

一个人也要做好收纳

即便房子是沛沛独居，设计师在空间允许
的条件下，还是尽可能地为室内增加储物
空间。无论进门处嵌入式的顶天立地储物
柜，还是主卧整面定制的衣柜，艺术品和
杂物都可以摆放妥当，这也为开放式布局
带来更加干净清爽的视觉感受。

户型平面图

① 大餐桌是沛沛梦寐以求的款式，既可满足弟
  弟妹妹来蹭饭、团聚的需求，又能在这里加
  班办公；桌上的干花是沛沛自己制作的。

② 厨房呈 L 形布局，简洁规整，白色的橱柜与
  黄色墙砖相搭配，丰富了空间层次。空间的
  亮点在于橱柜对面的彩色花砖墙，活跃了厨
  房的氛围。

设计师软装搭配重点提示

1. 容易让人产生距离感的极简北欧风，可以在后期软装上搭配一些亮色的家具和温润的材质，比如，这个空间中使用的棉、毛等材质。

2. 主卧床头挂着爱德华·霍普的名画《海边的空房子》，画面的配色与空间相协调，阳光洒满室内，一片温馨与静谧。

3. 经济条件允许的情况下，请尽可能购买知名品牌的北欧家具或大师作品，这样空间会更有质感。

① 主卧一改客厅的中性风格，墙壁刷成淡粉色，以满足沛沛的少女心。为了避免时间久后粉色产生的腻烦与乏味，设计师特别采用蓝色床品，以做中和。

② 沛沛很想有一个衣帽间，但又不想打破房间现有的格局，所以设计师在卧室定制一整排的白色衣柜，并将梳妆台巧妙地隐藏于衣柜中。

11

细腻

88 平方米的北欧小确幸之家

北欧风以简洁著称于世，所谓"越简单，越美好"，因此越来越受到年轻人的喜爱。这间房子的女主人做着朝九晚五的工作，男主人当兵，孩子尚小，是简单而平凡的三口之家。房子整体设计得非常简洁，没有多余的装饰，让屋主一回到家便能放松心情，舒适地享受生活。

儿童房是一个充满趣味的空间，除了保证足够的收纳空间外，不放置任何固定式家具，孩子可以在这里尽情玩耍；未来充满可塑性。

负责本案例的主设计师解亚娟认为，空间设计最重要的是回归屋主的需求，不以屋主需求为旨归的设计都算不上合格的设计。这对年轻的小夫妻平时很少在家做饭，对厨房的需求较小，设计师采用开敞式设计，既节省空间，又体现北欧家居的随性。孩子年龄尚小，因此，儿童房的设计尽可能地让其释放玩耍的天性，无须多余的家具与摆设。

居住成员：3 人（夫妇＋孩子）
房屋面积：88 平方米
房屋格局：2 室 2 厅 1 厨 1 卫
主设计师：解亚娟
设计公司：常州鸿鹄设计
项目主材：实木地板、彩色乳胶漆、防水乳胶漆、壁纸、地铁砖、防滑地砖、谷仓门

质朴自然的家居氛围

设计师采用时下非常流行的北欧简约风格。全屋以白色和浅灰色打底，加入原木温润的色泽和肌理，在明亮清新的配色中，辅以原木质感家具（茶几、餐桌椅等）和百搭的小绿植和花艺，为简洁的空间注入自然文艺之感。

客厅的电视墙为整面定制的白色收纳柜组合，强化了客厅的收纳功能，白色和原木色搭配，"一唱一和"，相得益彰，营造出温馨舒适的视觉氛围。

户型平面图

蓝灰色的墙面，原木地板和茶几、浅灰色的布艺沙发搭配灰色毛毯，整个空间简洁又清新；背景墙上的挂画组合强化了空间的层次感。

① 屋主一家三口做饭的频率不高，设计师将厨房设计成开放式，厨房拥有面积充裕的操作台面和储存空间，也使整个公共空间更显开阔。

② 木质餐桌搭配两把温莎椅和一张原木条凳，独具北欧风的味道。水培尤加利，清新雅致，为餐厅增色不少。

③ 简洁利落的餐桌椅令人倍感温馨，白色的入墙式餐边柜，可以满足日常收纳的需要；空间兼具美观与实用的双重功能。

④ 主卧延续整体低调且质感的设计风格，简单宁静，适合休息入眠。原木色的家具，清新自然；素雅的床品和蓝灰色的窗帘，舒适惬意。

无处不在的收纳

夫妇俩非常注重居家的收纳功能，因此，设计师在室内的边边角角都做了细致的收纳设计，最大限度地提升空间利用率。客厅电视墙的整体收纳柜、餐厅的餐边柜、主卧阳台处的衣柜，以及儿童房中整排的嵌入式储物柜，收纳可谓无处不在。此外，为了适应孩子的成长，儿童房不放置任何家具，成为彻彻底底的玩耍小天地。

设计师软装搭配重点提示

1. 抓住北欧简约风格设计的重点"简单就好"，以简洁为基础，搭配浅色原木家具，传达自在放松的生活态度。

2. 室内面积较小的情况下，灯具最好是无主灯设计，采用轨道灯、落地灯、吊灯的组合照明。在北欧空间中，灯具不仅具有照明功能，更有装饰作用。

3. 北欧空间中谷仓门也必不可少，一扇酷酷的白色谷仓门，绝对是空间的视觉焦点。

① 主卧的床头铺贴北欧经典的白桦林壁纸，搭配原木双人床和迷你头柜，仿佛置身于幽静的森林之中，给人身与心的放松。

② 儿童房较为粉嫩，粉色小帐篷的设计童趣满满，给孩子更多的想象空间。

③ 蓝色的小矮凳、可爱的玩具挂饰、五彩的小鹿挂画等，这些软装细节无不体现设计者的巧思和用心。

④ 厨房墙面上的小白砖搭配藏青色橱柜、白色的石英石台面，非常美观，为空间增色不少。

⑤ 卫生间以白色为主，白色墙面、黑白拼色地砖搭配原木色浴室柜，简洁清爽；白色谷仓门是空间的一大亮点。

12

遇见色彩

出租屋里的多彩生活

这是一个能够治愈心灵的家，即便是在出租屋里。藏在家中的每一个物件都是纯粹的、有故事的，令人心生欢喜。设计师用跳跃的色彩赋予整个空间无限的朝气，营造出独特又充满新鲜感的空间氛围。

客厅莫兰迪色系的墙面漆营造出安静优雅的氛围；糖果色的茶几和单椅适当地点缀其间，花而不乱，为空间增添了些许活力。

房子是别人的，日子却是自己的，居住的幸福感很大程度上不在于住的是自己的房子，还是租别人的，这一切都在于对生活持有怎样的心态。因此，如果你愿意，也可以向这位租客一样拥有属于自己的倾心之家。

很难想象这是一间临时性的出租房，户型规整，南北通透。由于房子的主人不允许改动原有墙体和格局，因此设计师宋宇从软装色彩搭配上找到解决问题的突破口，利用有限的预算，为这家租客成功打造了一间色彩小屋。

居住成员：3 人
房屋面积：120 平方米
房屋格局：3 室 2 厅 1 厨 2 卫
主设计师：宋宇
设计公司：北京壹目室内设计公司
项目主材：瓷砖、白色乳胶漆、彩色乳胶漆、铁艺置物架

缤纷色彩　点亮生活

北欧风格只能是黑、白、灰吗？对于负责本案例的设计师宋宇来说，"色彩从来不怕多，只要掌握好运用和搭配的法则，就可以在实用性和装饰性间找到最佳平衡"。在整个空间中，设计师大胆地将松石绿、柠檬黄、樱桃粉等饱和度较高的糖果色运用其中，多而不杂，繁而不乱，赋予空间斑斓的色彩，调和了北欧风的冷酷之感。

户型平面图

① 在北欧风的设计世界里，除了无垠的雪原，还有素朴的实木、温暖的阳光。设计师将松石绿、柠檬黄、樱桃粉等活力悦动的色彩融入清简的格调中。

② 沙发的造型简约厚实，卡其色的布艺搭配彩色抱枕，丰富又不显繁杂，与沙发背后的挂画相得益彰。带滑轮的脚柜搭配收纳盒，尽显北欧风的无拘无束。

③ 客厅一角，置物架与花架相结合，搭配糖果色的座椅，形成一个颇具格调的休闲空间，阅读、聊天都是不错的选择。

①

②

③

莫兰迪色系的墙漆营造出安静优雅的氛围，原木家具与高饱和度的茶几、椅子形成视觉对比。生活本该如此，简单又有色彩。

个性软装点缀　增强空间趣味性

在设计师宋宇看来，好的装修，没那么贵。这个北欧之家的软、硬装花费加起来不足十万元，这得益于宋宇对一些软装饰品的优选。在家居的各个角落都可以发现设计师的小巧思，比如，餐厅的几何形立体置物架、客厅的宜家款黑色铁艺网架，以及极具文艺感的艺术挂画等，从家居饰品就可以看出屋主的喜好和品位。个性化软装点缀让空间充满变化和趣味，也将北欧风的舒适惬意真实地呈现出来。

① 入户处一个鞋柜、一张原木换鞋凳的简单处理，彰显了实用与情调的完美平衡。

② 几何形铁艺置物架自带韵律之美，能在短时间内吸引人的目光。原木餐桌搭配四把糖果色单椅，活跃了空间氛围，能够削弱北欧风的清冷与孤傲。

设计师软装搭配重点提示

1. 想让空间提升档次，莫兰迪色系是很好的选择。在莫兰迪色的背景下，色彩可以随意搭配，并且不用担心会出错，关键还很耐看。本案例中的墙面色使用的正是莫兰迪色系。

2. 造型不同的灯具在各个空间中都格外亮眼，成为营造氛围的重要"功臣"。

3. 软装搭配时，将代表个人气质和喜好的小物件融入其中，比如，旅行途中的纪念品、摄影作品，亲手做的小手工等，让整体空间更有故事性和个性色彩。

① 儿童房选用宜家经典的白色栅栏床，纯色的窗帘与淡雅的床头背景墙非常般配，床头的火烈鸟挂画和可爱的床品成为空间的点睛之笔。

② 主卧大面积的白色提升了空间的格调，吊灯造型别致，轻盈灵动，像白玉兰开满枝头，瞬间有了"春暖花开"的美意。

③ 主卧一角，白色铁艺隔板和黑色伊姆斯单椅构建起一个 1 平方米的工作区，精致简约，既不失时尚感，又不占据视觉空间，极大地提升了小户型的空间利用率。

13

照见晨光

89 平方米的北欧清新小宅

屋主是一位崇尚自然的时尚女性，热爱生活，喜欢旅游，向往休闲自在的生活方式，希望下班回到家，身心即能获得全然的放松。设计师结合她的需求，将全屋风格定位为北欧简约风格。

设计师在色彩的搭配上以黑、白、灰为基调，小面积的亮色点缀，将功能区相互串联，并增加了室内的活跃性。

漫长的冬季让北欧地区常年冰雪覆盖，北欧人说："世界上最华丽灿烂的颜色是白色。"他们把平淡的白色发挥到极致，大面积的留白让家自由通透。但如幻境般绚烂的极光，又让他们对五彩斑斓的世界充满热情，因此，北欧风的颜色绝不是非黑即白。在纯净的北欧空间里，色彩的巧妙运用往往能起到画龙点睛的作用，纯粹与多元并不冲突。

居住成员：1 人
房屋面积：89 平方米
房屋格局：3 室 2 厅 1 厨 1 卫
主设计师：孙文青
设计公司：文青设计机构
软装设计：杭州糖果软装
项目主材：实木复合地板、彩色乳胶漆、防滑地转、软木、马赛克瓷砖、仿古地转

黑、白、灰主打　明黄色点缀

在这个北欧风客厅中，设计师以黑、白、灰为主，奠定基础色调，白色墙面、灰色布艺沙发和电视背景墙、黑白几何形地毯以及黑色灯具令人印象深刻。软装配色上，设计师内敛沉稳，很好地领悟了北欧配色的精髓。在有些高冷的氛围中，加入一把明黄色单椅，整个空间立刻鲜活起来。

① 软装是一个家不可或缺的部分。艺术气息十足的挂画和边几上的铁艺小鹿摆件有利于空间氛围的营造，让室内显得灵动且美好。

② 客厅以黑、白、灰为基调，设计师很好地领悟了北欧配色的精髓。木质家具搭配灰色布艺沙发、黑白几何形地毯，即便没有复杂的色彩，依旧可以形成清晰的空间层次。

③ 电视背景墙造型简单，墙面粉刷浅灰色乳胶漆，双面人储物落地钟造型别致，墙脚的艺术挂画和量天尺绿植提升了空间的艺术感。

All is pretty.

Andy Wa

Moderna Mus
Stockholm S
10/2-17/3 196

②

③

户型平面图

设计注释：

软木，俗称水松、木栓，生产软木的主要树种有木栓栎、栓皮栎；具有吸声、隔热、天然环保等特性，软木特有的花纹带给人自然质朴之感，经常用做背景墙。

格局通透　客厅、餐厅一体

现代家居空间越来越强调公共空间的开放性，以更好地满足家人之间的沟通与互动。在这个房间中，客厅、餐厅在同一空间中，设计师通过天花板的不同造型做简单的区分。在餐厅的设计上，设计师将简洁的原木风进行到底，并将一整面的软木作为餐厅背景墙，上面挂满了屋主外出旅游时拍的各种照片，处处洋溢着文艺气息。

① 客厅、餐厅连为一体，自然光能顺利照到室内的每个角落；白色墙面搭配线条简约的原木餐桌椅，彰显随性与洒脱。

② 将一整面的软木作为餐厅背景墙，在上面可悬挂照片，或写下留言，为单调的墙面带来文艺气息。

③ 靠窗位置摆放榻榻米小床，一体式的储物柜加书桌柜能够容纳大量物品；次卧虽小，但兼具休息、收纳、学习等多重功能。

14

春风十里

色彩明艳的北欧休闲之家

这栋 82 平方米的北欧住宅处处散发着清新舒适的气息，设计师以开放式的布局进行空间的配置，公共区域和餐厅融合在一起，营造出更为宽敞的视觉体验和流畅动线；大量温润的木材质营造出休闲轻松的氛围，让屋主一回家便能放松心情、享受生活。

客厅的色彩明亮舒适，淡蓝色的墙面、孔雀蓝窗帘和地毯，以及用于点缀的蓝色玻璃花瓶，搭配在一起，很有层次感。

全球幸福指数第一的北欧人遵从"少即是多"的生活原则，认为通过物质的积累得到的快感会转瞬即逝，于是将生活化繁为简，将重心转移到精神富足与切身体验上。北欧家居更是静水流深，简朴中蕴含深意，让人长期置身其中也不会厌倦。

本案例的设计师李凯以"致力于让每个空间体现自身的气质、格调与情感，传达舒适、优雅与时尚"为设计理念，赋予每一个家不同的温度，而这个北欧小家确实有"春风十里"般的明媚之美。

个性背景墙　浓浓北欧风

北欧风客厅营造的重要手段是打造一面个性化的背景墙，各种养眼的挂画绝对是大白墙的"最佳拍档"。客厅沙发背景上的照片墙延续北欧风的文化气息，大小不一、内容各异、黑白搭配的八幅挂画，错落有致排列，造型感十足。辅以各色抱枕和几何拼花地毯，视觉上尽显丰富与饱满。精致的软装细节提升了整体空间的品位，为居室增添了更多的时尚元素。

居住成员：3 人
房屋面积：82 平方米
房屋格局：2 室 2 厅 1 厨 1 卫
主设计师：李凯
设计公司：天津深白室内设计工作室
项目主材：实木地板、彩色乳胶漆、橡木集成材 、花色地砖、地铁砖

餐厅与客厅同属一个空间，三联暖色工业风吊灯尽显温馨，原木餐桌和地板呼应客厅的设计风格；铁艺壁挂置物架丰富了墙面的层次。

沙发背景墙上的照片延续北欧风格的文化气息，黑白搭配的八幅挂画，错落有致，整体造型感十足。

软、硬装协力　破解斜角难题

这个房型的特点是斜角户型，户型不够方正，主卧和厨房区域不规整。处理不好斜角区域除了浪费空间以外，还会影响整个空间的美观度。

面对这一难题，设计师具体问题具体分析。主卧采用取正处理，在斜角区域打造了一处隐形衣帽间；厨房则因地制宜，沿着两条最大边做成整排的橱柜，整体呈 V 字形，超强储物柜、简约的黑白配，身处其中之人完全会忽略空间的不足。

户型平面图

设计师软装搭配重点提示

① 利用斜角空间，设计师打造一个隐形的衣帽间。衣帽间的门用窗帘代替，无形中扩大了卧室的面积。

② 主卧一角，小巧的床头柜、简约的挂画、线条感十足的吊灯，都可以成为空间的焦点。

③ 次卧室延续简洁明快的风格，但在用色上更加大胆，淡蓝色墙面搭配白色家具、天蓝色床品和柠檬绿椅子，整个空间充满活力。

④ 专门定制的衣柜和书桌组合，可以充分满足次卧的收纳功能。临窗处专门打造成一个 1 平方米的儿童学习区。

1. 在单调的墙面上，挂上几幅合适的艺术挂画，将为空间带来意想不到的视觉效果。

2. 谁说北欧风就一定冷淡？它也有"好色"的一面，明黄色、湖蓝色、草地绿等明度高的色彩会成为空间的完美点缀。

3. 灯具的选择也不容忽视，北欧空间中对灯具搭配的要求较高，如果买不起那些大师作品，最起码可以选择一些有特色的吊灯、立灯等进行立体搭配，以提升空间的质感和舒适度。

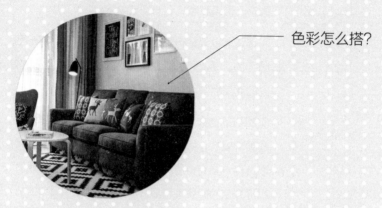

色彩怎么搭?

家具怎么选?

灯具怎么挑?

绿植怎么选？

地毯怎么配？

挂画怎么搭？

色彩怎么搭？

北欧风讲究以色彩搭配凸显空间的视觉中心，通常以白色为基调，配合原木色、灰色等主体色，辅以绿色、黄色、红色等纯色的点缀，整体倾向于浅色系，给人干净明朗之感。因此，色彩搭配是北欧风的主要特质之一。

整体以白、灰为背景色，几何形黑白地毯和深蓝色的布艺沙发使空间重心下移，红色的单椅和抱枕为客厅注入了激情和活力。
（图片来源：晓安设计）

1. 色彩搭配的比例

北欧风空间的色彩搭配讲究比例关系，这使得整体空间过渡自然，重心突出，避免了色彩搭配上的凌乱与复杂。大体遵循60%背景色、30%主体色、10%点缀色的配色原则。

空间以白色和灰色为基底，黄色和黑色做点缀，配色简洁明朗，又不失沉稳感，色彩比例运用得恰到好处。（图片来源：文青设计）

2. 背景色

漫长的冬季让这里常年被白雪覆盖，白色成了北欧人心中最富标志性的色彩。北欧家居空间中的背景色多选择白色、灰色等偏中性的色彩，多用于墙面和地面等位置。

白色是空间的绝对主角，从地面到墙面再到顶面，设计师大胆选用白色，甚至连家具也统一为白色，局部点缀原木色和绿植，营造至纯至净的视觉感受。（图片来源：网络）

3. 主体色

北欧地区植被覆盖率高，因此，在北欧人的日常生活中，原木色是必不可少的。北欧风格的主体色多为原木色、白色、高级灰，多用于布艺、沙发、衣柜等家具上。主体色的作用是突出空间重心，是背景色和点缀色的过渡颜色。

白色的墙面配上木地板，辅以亮黄色沙发点缀，色彩过渡自然，立意轻松惬意。（图片来源：弥桃空间设计工作室）

北欧风色彩搭配简表

背景色	主要指硬装诠释的色系	墙面	白色	白色是北欧风的主打色，明亮干净
		地面	灰色	灰色使房间重心下移，控制视觉效果
			原木色	原木色使背景色与主体色完美过渡
主体色	主要用于家居软装，如大型家具等	布艺家具，如沙发	亚麻色	为空间注入原始自然气息
			藏青色	强化空间视觉，突出视觉重心
			灰色	过渡各色彩之间的差异，增加严谨性
		几类、柜类家具	原木色	凸显质感，色系统一，增添自然活力
点缀色	软装点缀色系	小家具、软装小饰品，如挂画	黄色	突出视觉中心，提高整个空间的纯度和亮度，使空间更有张力，活泼自然
			绿色	
			红色	

空间内只有黑色与白色，简单纯粹，黑与白的撞色极具视觉冲击力。（图片来源：DE 设计事务所）

除了常见的黑与白，蓝、红也是一对出色的撞色，衍生出的浅蓝和粉红，搭配在一起十分惊艳。（图片来源：壹阁设计）

4. 点缀色

点缀色多选用纯度较高的黄、绿、红等颜色，以提高室内的亮度，打破背景色和主体色带来的单调感，为空间注入源源不断的活力。

5. 撞色的运用

撞色是指对比色的搭配，包括强烈色配合或补色配合。北欧家居空间中，为了增加时尚度和现代感，设计师在配色上经常用到撞色，如黑与白、红与绿等，形成一定的视觉冲击力。与此同时，需要把握好两种色彩的比例，室内运用的黑色面积切勿超过白色，否则会掩盖风格本身的特质，增加空间的压抑感。

家具怎么选?

北欧风家具以其人性化的设计和简约的色彩
搭配为人津津乐道。"以人为中心"的北欧
家具通过对自然美感的展示和中性色的运
用,充分发掘材质的特性,将天人合一的思
想传达得淋漓尽致。

就算是小比例木质元素的运用也
能够自然地调和房间各个色系之
间的关系。(图片来源:武汉陈
放设计)

如果搭配得当，北欧风哪怕只是
一个不经意的角落也别有韵味。
（图片来源：网络）

1. 家具材质的选择

地理环境上的植被林立决定了北欧风的家具以实木为主，而
不拘泥于实木。布艺、铁艺等广泛运用，亚克力也偶尔出现。
挑选家具时，以木质材料的大型家具为主体，与其他材质进
行合理搭配，从而达到理想的效果。

几何形态的家具，以原木色和浅灰色进行调
和，施以亮黄色和绿色点缀，带给人随性、
慵懒的放松感。（图片来源：梵之设计）

2. 家具色彩的选择

在家具色彩选择上，秉承风格特性，将白
色、原木色进行调和，适当中性色的加
入也可以丰富空间层次，如藏青色、浅
灰色等。在个别需要凸显或提升空间质
感的家具色彩选择上可大胆尝试，黄色、
红色、绿色等纯色不失为"神来一笔"。

充满设计感的家具陈设对居住空间整体质感的塑造有着莫大的作用，平衡了空间调性。（图片来源：深圳导火牛设计）

色彩从地面到顶面由深至浅，搭配温润的木质家具，营造出静谧温暖的睡眠氛围。（图片来源：独立设计师周轩昂）

3. 家具款式的选择

"设计感"一词贯穿整个北欧风格。形体上以简约为主，注重对细节的把握，拒绝浮夸和过多的装饰；体型适中，不同于美式的高大，亦不同于日式的低矮，以舒适度和简约为首要条件。

北欧家居的特色是利用家具呈现生活面貌，挑选一些既实用又有美感的活动式成品家具，日后可根据生活需求做弹性变动。（图片来源：简线建筑设计）

4.北欧经典单椅推荐

（1）Y形椅

材质： 木、麻绳

设计师： 汉斯·韦格纳（Hans J. Wegner）

特点： 灵感取自中式圈椅，设计师融合东西方设计元素，进行更加人性化的设计，使椅子更加舒适，充满简约之美。无论用作餐椅还是作为休憩区的单椅，都是不错的选择。

（图片来源：网络）

（2）肘形椅

材质： 木、皮革

设计师： 汉斯·韦格纳（Hans J. Wegner）

特点： 简约、小巧的肘形椅常常用作餐椅，皮质的运用使其在木质的基础上多了几分沉淀，外形优美，兼具实用性能，乃家居必备。

（图片来源：网络）

（3）The Chair

材质： 木、皮革

设计师： 汉斯·韦格纳（Hans J. Wegner）

特点： 转角处圆滑的曲线给人亲近之感，扶手的设计为这个单椅增加了不少舒适度，使其更好地容纳人的身体，是餐椅和书桌椅的不二之选。

（图片来源：网络）

（4）蛋椅

材质： 金属、皮革

设计师： 汉斯·韦格纳（Hans J. Wegner）

特点： 蛋椅是北欧风格中常用的单椅之一，优美曲线的设计散发着迷人的线条感，置于客厅或卧室，用作小憩，实用和美观并存。

（5）蚂蚁椅

材质： 胶合板、金属

设计师： 阿诺·雅各布森（Arne Jacobsen）

特点： 因外形酷似蚂蚁而得名，简约的线条分隔、趣味的外形设计，加上符合人体结构需求的椅背弧度，让蚂蚁椅充满生机与活力！

（6）孔雀椅

材质： 木、麻绳

设计师： 汉斯·韦格纳（Hans J. Wegner）

特点： 造型略微张扬的孔雀椅是北欧家具中的经典之作，常置于客厅和休闲区域。艺术化的造型，美丽而大气，将动物的动态美和木材的静态美相结合，为空间平添不少声色。

（图片来源: 网络）

（7）贝壳椅

材质: 皮革、板材

设计师: 汉斯·韦格纳（Hans J. Wegner）

特点: 流畅的弧线、优雅的体态是贝壳椅的代名词。这款诞生于1936年的设计作品，经久不衰，至今仍是北欧家居中出镜率极高的单品。外形如贝壳一般的椅身能将人体完美收纳，躺坐舒适，可尽情地放松身心。

（8）熊椅

材质: 羊绒布、木

设计师: 汉斯·韦格纳（Hans J. Wegner）

特点: 熊椅是家居设计界的经典之作，无论接触面材质，还是对人体的包容性，都是其他椅子无法比拟的。之所以命名为"熊椅"，是因为人坐在上面如同被一只大熊轻轻拥抱着，温暖舒适。

（图片来源: 网络）

灯具怎么挑？

北欧风的灯具是营造简约氛围的主要配角，位于空间中心的灯具一直是北欧家具的精髓。空间里的每个灯具单独拎出来都是一件完美的艺术品，能够瞬间吸引人的目光，极具视觉冲击力。

搭配得当的灯具，点亮的不仅是一方空间，更点亮了居住者的多彩生活。（图片来源：方和道微醺室内设计）

1. 北欧风常见灯具类型

（1）吊灯

北欧风的灯具以吊灯为主，相较于吸顶灯，其优势在于造型更为美观，呈现效果较为突出，在满足照明功能的同时，亦可作为一件不可多得的软装饰品。

灯具是空间风格的代言品，展示风格的细节所在，诠释着居住者的品位与情怀。（图片提供：成都大木筑品室内设计）

（2）落地灯

落地灯在北欧家居中出镜率很高，经常与沙发、躺椅等休闲家具搭配在一起，除了满足局部的照明功能外，也起到点缀和装饰环境的作用。落地灯的数量和款式因环境和居住者需求而定，益精不易多。

一盏落地灯、一座沙发，便可自成一方小天地，方便休憩和阅读，温馨又美好。（图片来源：网络）

（3）无主灯

无主灯也是北欧家居照明方式之一，是指整个空间没有吊灯、吸顶灯等明确的主灯，多配制射灯、筒灯进行点状照明。无论轨道射灯，还是定点射灯，都可以起到很好的照明效果，同时，分散式的重点照明还能烘托气氛。无主灯设计将成为今后空间照明设计的一大趋势。

虽然无主灯的墙面显得干净清爽，空间感更强，但也加大了搭配难度，更容易造成灯光搭配的失误。对设计师提出了更高的要求。（图片来源：DE 设计事务所）

（4）灯具搭配心得

北欧风灯具在材质的选择上较为灵活多变，不拘泥于一种材质；设计上以简约的线条感著称，玻璃、铁艺、木质、PVC 等都被广泛运用，但摒弃浮夸的造型和过多的装饰附件，如水晶吊灯、全铜吊灯等。

包容性是北欧风的特色，百变的灯具款式是其最佳表现，自然随意而不粗糙敷衍。（图片来源：文青设计机构）

线条流畅、造型别致的灯具本身就是一件艺术品，在整个空间内起到凝聚视线的作用。（图片来源：DE 设计事务所）

2. 北欧经典灯具推荐

（1）枝形分子灯

材质： 金属、玻璃

设计师： 琳赛·阿德尔曼（Lindsey Adelman）

特点： 枝形分子灯很好地将自然元素和科技元素相结合，伸展的灯架连接着一盏盏明亮的灯体，处处彰显出北欧风的简约随性。

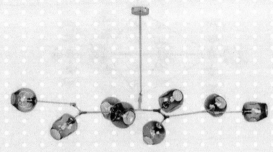

（图片来源：网络）

（图片来源：网络）

（2）乐器吊灯

材质： 铁艺

设计师： 汤姆·迪克森（Tom Dixon）

特点： 乐器吊灯诠释了北欧风的包容性，多个造型不同的灯具搭配在一起，不仅丰富了空间层次，也注入了流动的线条感，婉约而动人。

（3）Slope 吊灯

材质： 木、铝

设计师： 斯蒂芬·克里弗卡奇（Stefan Krivokapic）

特点： Slope 吊灯的现代感是其他吊灯无法比拟的，木质和彩色金属的外观搭配得恰到好处，这款灯具常被组合搭配用于餐厅；用于卧室时则多为单头。

（图片来源：网络）

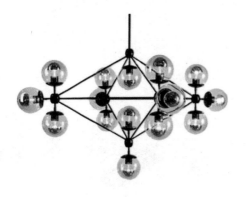

（图片来源：网络）

（4）魔豆灯

材质： 玻璃、金属

设计师： 杰森·米勒（Jason Miller）

特点： 魔豆灯是北欧灯具里人气最高的一款单品，无论照明度还是外形都无可挑剔。硬朗的造型为素雅的北欧风增加了一抹工业韵味，经典百搭，适用于多个空间。

（5）复古钻石吊灯

材质： 铁、玻璃

特点： 柔和的灯光与铁艺的线条相辅相成，棱角分明的造型在感性的北欧风里装点出几分理性气质。常用于餐厅，可单独使用，也可多头组合搭配。

（图片来源：网络）

（6）蒲公英吊灯

材质： 聚乙烯塑料、不锈钢

设计师： 马克鲁斯·阿尔沃宁（Marcus Arvonen）

特点： 蒲公英吊灯又名"马克鲁斯吊灯"，以灵动自然著称，由于结构细密，在灯光打开之时有种独特的朦胧美。这款吊灯能营造出不同的空间氛围，即便关闭时，也极具装饰效果。

（图片来源：网络）

（图片来源：网络）

（7）AJ 灯

材质： 钢

设计师： 安恩·雅各布森（Arne Jacobsen）

特点： AJ 系列成名已久，囊括台灯、壁灯、落地灯等，由于造型优雅时尚、线条干净利落而备受推崇，是北欧风灯具搭配中经久不衰的款式。

（8）赫克塔落地灯

材质： 钢

设计师： 奥拉·韦而宝（Ola Wihlborg）

特点： 赫克塔落地灯是实用主义灯具的代表之一，造型百搭，样式简约，放在任何位置都不显突兀，也不会太亮眼，平淡如水，但却最解"渴"。

（图片来源：网络）

（9）夏布落地灯

材质： 铁

设计师： 格雷斯·夏布（Gras Shopper）

特点： 独特的三角支架、流畅的线条感、精致的钢琴烤漆，使得这款夏布落地灯成为北欧空间中出镜率极高的单品，适用于客厅、卧室、书房等多个区域。

（图片来源：网络）

131

绿植怎么选?

在北欧家居空间中，绿植可谓一大亮点，小小的一抹绿意能让整个居室变得清新自然。在品种选择上，以高大型绿叶为主，契合风格本身的特点，对空间整体色调有着非常好的点缀效果。

高大的琴叶榕与复古的水泥花盆堪称"天生一对"，带给空间无限的文艺气息。（图片来源：文青设计机构）

1. 北欧风常见绿植推荐

（1）琴叶榕

又名"琴叶橡皮树"，具有较高的观赏价值，是理想的客厅内观叶植物。生性喜温暖、湿润和阳光充足的环境，除了净化空气外，还能装点居所，同时还可入药。

一颗生长良好的琴叶榕不仅能聚焦视点，还能平衡家中的色彩，带来清新自然的气息。（图片来源：梵之设计）

养护 tips：保持足够的光照、通风，对水分的要求是宁湿勿干；琴叶榕容易头重脚轻，在容器的选择上，底部一定要足够重，以防倒掉。

（2）仙人掌

仙人掌是常见的观景植物，常长于沙漠等干燥极端的环境中，称为"沙漠英雄花"。种类繁多，生命力强，在北欧空间中常常作为室内观赏景观陈设。

作为墨西哥的国花，仙人掌除了可以为居室注入盎然生机，更诠释着顽强不屈的精神意志。（图片来源：独立设计师杜雪莹）

养护 tips：春秋两季浇水要遵循"不干不浇，不可过湿"的原则，保持充足的阳光照射；在栽种容器上，建议选择透气性、透水性较强的类型。

龟背竹形状似龟甲图案,茎节似竹干,故得名。意喻健康长寿,自带稳重高雅的气场,具有强大的绿色冲击力,实用而美观。(图片来源:家居达人)

(3)龟背竹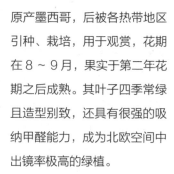

原产墨西哥,后被各热带地区引种、栽培,用于观赏,花期在8~9月,果实于第二年花期之后成熟。其叶子四季常绿且造型别致,还具有很强的吸纳甲醛能力,成为北欧空间中出镜率极高的绿植。

养护 tips:喜温暖、潮湿的环境,切忌强光曝晒;如遇虫害,养护时可用牙刷将其轻轻刷除,放在通风、明亮的地方,可减少其虫害病发率。

(4)虎尾兰

原产于非洲,又名"虎皮兰""千岁兰",花期在11~12月,适应环境能力强,喜光又耐阴,对土壤要求不高。可有效吸收室内的有害气体,适宜布置在书房、客厅、办公场所等。

养护 tips:保证光线充足,夏季避免阳光直射;冬季放在向阳的房间以保暖;对土壤和容器无特别要求,保持良好的透气、透水即可,2~3天浇水一次,切忌浇水过多。

花纹奇特、叶子直挺的虎皮兰是居家环境中一道亮丽的风景,与北欧风的简约不谋而合。(图片来源:重庆双宝设计机构)

（5）量天尺

量天尺属于仙人掌科植物，原产于美洲热带和亚热带地区，我国部分地区也有分布。生性喜温暖，适合生长于空气湿度较高的半阴环境；对低温比较敏感，在5℃以下的环境中，茎节容易腐烂。

> 养护 tips：喜疏松、肥沃、富含腐殖质的土壤，夏季需放在半阴的条件下养护，冬季应控制浇水，保持充足的光照，放置向阳处为宜。

遗世独立的量天尺用来点缀北欧风是最适宜不过的了，几何形状的原始美分外动人。（图片来源：文青设计机构）

灰青色的叶子就像蒙着一层薄薄的白霜，浓重的文艺腔调呼之欲出。（图片来源：文青设计机构）

> 养护 tips：尤加利是生长极快的大型树种，多用于插花和制作干花。如用作插花，夏季存活的时间为3~5天，冬季略长；用于干花则需迅速干燥。

（6）尤加利

尤加利又称"桉树"，主要产于澳大利亚，叶子圆润小巧，散发出淡淡的清凉味道；有很高的药用价值。澳大利亚原住民常用于治疗外伤和腹泻，可以很好地制作鲜花和干花。

（7）多肉植物

多肉植物是指植物根、茎、叶三种营养器官中至少有一种是肥厚多汁且具备强大储水功能的植物。全世界约有1万多种多肉植物，它们形态各异，种类繁多，分布广泛。

娇憨可爱的多肉植物怎么搭都不会出错，家中怎能少了这一份灵动呢？（图片来源：深圳涵瑜设计工作室）

养护tips：生性喜阳，但仍需避免曝晒；浇水要"见干见湿"。所谓"见干"是指浇一次水后等到土面发白，再浇第二次水；"见湿"则是每次浇水要浇透，直至盆底排水孔有水渗出。

2. 北欧风植物容器选择

植物的姣美离不开容器的衬托，北欧风的容器以金属、透明玻璃、编织篮、牛皮纸、陶器为主；不张扬，不浮夸，力求完美地融入整体空间。

（1）金属花架

极简的过道空间与包容的植物一刚一柔，搭配硬朗的金属花架，尽显精英气质。（图片来源：DE设计事务所）

（2）玻璃花瓶

透明的玻璃花瓶轻盈通透，栽种上翠绿的植物，如一汪清澈明亮的湖水。（图片来源：深圳涵瑜设计工作室）

（3）陶器花盆

陶器散发着古朴原始的气息，为简约硬朗的北欧风增添了几分厚重的积淀。（图片来源：成都季意设计）

（4）藤编储物篮

编织本身具有浓郁的自然之感，让人觉得花盆不再是冷冰冰的罐子，而是温暖与结实的合体，与大个头植物更搭。（图片来源：网络）

地毯怎么配？

地毯通常是为了凸显家具风格，丰富空间层次，赋予空间温度和趣味。在北欧风里，通常根据不同空间的功能决定地毯的应用环境和实际需求，从而强化风格的整体性。

地毯对于客厅来说，不仅能突出视觉重心，更将色彩的丰富感展现出来。（图片来源：嗅觉设计）

1. 北欧风地毯的搭配法则

（1）空间的大小决定地毯的尺寸

地毯的尺寸由铺设空间的大小和凸显的家具范围来决定。如客厅的地毯一般以茶几为中心至沙发相隔区间的行走量来决定尺寸；卧室则以床尾为中心的四周行走量来决定尺寸。在地毯的搭配中，切忌出现铺满空间和铺设面积太小等错误。

几何拼色地毯使沙发和茶几的视觉重心更加凸显，恰当的色彩组合能够活跃空间氛围，丰富整个空间的层次。（图片来源：张兆娟设计师）

夏天的客厅换上一张亚麻地毯，为原本明亮的北欧空间增添了一抹清凉之感。（图片来源：网络）

（2）季节决定地毯的材质

在北欧风里常用到羊毛地毯、纺织地毯，偶尔也用到棉麻地毯和动物皮毛地毯。地毯不仅能提供柔软的触感，更能营造视觉上的温度，可根据不同的季节搭配相应的地毯。纺织地毯和羊毛地毯比较百搭，棉麻地毯更适合夏季，动物皮毛地毯更适合冬季。

（3）色彩和花纹与环境形成互动

在地毯的色彩和花纹选择上，除了与自身风格契合外，还要注重与所处空间形成互动。色彩上要有一定的过渡，地板至天花板由深到浅为宜；在视觉上要营造出丰富的层次感。

富有张力的对比撞色地毯使原本单调的客厅瞬间活泼起来，成为空间布置的点睛之笔。（图片来源：网络）

2. 北欧风常见地毯款式推荐

（1）纯色地毯

（2）拼色地毯

纯色地毯是家具与地板之间的缓冲，能为房间带来淳朴、安宁的感觉，简约百搭。（图片来源：DE 设计事务所）

地毯上的色块与沙发背景墙形成呼应和互动，让家居空间充满理性的和谐美。（图片来源：天津深白室内设计工作室）

（3）几何元素地毯

几何线条毯极富构成感和设计之美，无论直线、斜线还是菱形都是北欧风格特有的表现元素。（图片来源：文青设计机构）

黑色菱形纹理能够完美契合北欧空间中惯用的黑色线条，具有十足的构成感，与黑框白底挂画相映成趣。（图片来源：文青设计机构）

（4）流苏地毯

流苏地毯在北欧家居中较为常见，拼花多样，色调简约，使冷色调的北欧风颇有几分温度和时尚之美。（图片来源：常州鸿鹄设计）

挂画怎么搭?

挂画是北欧家居中常见的软装元素，恰到好处的挂画不仅能让空荡无趣的大白墙变得生动起来，更能让整个家的气质提升一个档次。

组合式挂画打破了白色墙面的呆板，宁静的居住空间里洋溢着文艺的气息。（图片来源 独位设计师周轩昂）

1. 北欧风挂画的搭配法则

（1）色彩多变，画风干净整洁

北欧风挂画在搭配上比较多变，无固定模式，但总体
要求画风干净、色彩明亮，注重画面的质感和留白；
以简约、宁静的挂画为首选。

挂画可以很好地诠释出居住者的审
美，依托各种搭配，营造或淡雅或
欢愉的心境。（图片来源：吉友洪
室内工作室）

（2）画框简约时尚

画框要与画面色彩、内容相契合，适合选用细边框，材质上
以金属、塑料、木质为主；色彩上多为黑色、白色和原木色；
造型上摒弃多余的修饰，简约而充满线条美感。

明亮、纯净的北欧空间中，
挂画是调味品，调和着人
与家的味道。（图片来源：
网络）

根据墙面的高度和宽度确定挂画的位置，根据房间的风格确定挂画的内容，在合适的位置搭配合适的挂画，永远是不变的定律。（图片来源：张成室内设计工作室）

（3）挂画的悬挂高度与摆放方式

① 将挂画置于墙体高度的黄金比例 0.618 处为宜，挂画中心离地面大致为 1.5 ~ 1.8 米。这个高度适合普通身高的居住者欣赏画作，也利于居住者对挂画的保养和清尘。层高较高的户型挂画的位置稍微调高，层高较低的户型则要居中摆放。

② 悬挂多幅挂画时，需注意画与画之间的间距与摆放方式。大小相同的挂画，间距、高度相同。大小不一的情况下，最好以尺寸最大的挂画为主体；略小的挂面，则围绕其规则摆放，保持整体画面的几何形态和协调性。特别要注意美感与墙面的比例协调，原则上"宜疏忌密"。

墙面上悬挂多幅大小不一的挂画时，要注意画与画之间的连贯性，以及色彩与内容上的互补和协调，避免视觉上的凌乱。（图片来源：独立设计师杜雪莹）

③ 将挂画随意置于地面或家具台面上，可避免上墙时的麻烦，也减少对墙体的破坏；北欧风自然、随性的理念得以诠释出来。

2. 北欧风常见挂画款式推荐

（1）字母系列

字母图案看似单调，但可以任意排列组合，具有无限的可能性，属于百搭款式，挑选时注意留白与字母的比例。

挂画随意摆放在沙发旁，搭配各种养眼的绿植，自成一派小景。（图片来源：独立设计师杜雪莹）

字母挂画不仅适用于北欧家居的各个空间，也提升了整个居室的时尚韵味。（图片来源：网络）

简洁的内容和大面积的留白赋予挂画较强兼容性，呼应简约质朴的家居氛围。（图片来源：文青设计机构）

（2）几何图形系列

几何元素可通过不同形式的拼接，带来不一样的线
性美感。选择简单的黑白配或彩色都可以，但彩色
的几何图案需要注意与空间色彩之间的搭配。

柔和的色彩配以线性的几何图形，简约又不失
情调，这便是北欧风挂画的精髓。（图片来源：
网络）

动物的框线填充几何拼色挂画，创意百搭，与众不同，留白部分
运用得刚刚好，无论组合使用还是单幅悬挂，置于家中都不显单
调。（图片来源：网络）

（3）大自然系列

植物、动物、风景等大自然元素的挂画，在
北欧家居空间中较为常见，大自然系列的挂
画组合可以为整个居室带来更加浓郁的生命
气息。

木质家具搭配单幅龟背竹挂画，无论质感还是配
色都格外出挑。（图片来源：熹维设计）

随意陈列在边柜上的一抹艳红，动人又感性，仿佛妙手偶得的一处艺术景观。（图片来源：重庆双宝设计机构）

动物和植物挂画的组合搭配，将生态美的多样性展示得淋漓尽致，是动与静、声与色的结合，让墙面充满故事性。（图片来源：深圳导火牛设计）

图书在版编目（CIP）数据

好想住北欧风的家 / 刘啸编. -- 南京：江苏凤凰
科学技术出版社，2018.2
ISBN 978-7-5537-8738-1

Ⅰ．①好… Ⅱ．①刘… Ⅲ．①住宅－室内装饰设计－
图集 Ⅳ．①TU241-64

中国版本图书馆CIP数据核字(2017)第292377号

好想住北欧风的家

编　　　者	刘　啸
项 目 策 划	凤凰空间/庞　冬
责 任 编 辑	刘屹立　赵　研
特 约 编 辑	庞　冬

出 版 发 行	江苏凤凰科学技术出版社
出 版 社 地 址	南京市湖南路1号A楼，邮编：210009
出 版 社 网 址	http://www.pspress.cn
总 经 销	天津凤凰空间文化传媒有限公司
总 经 销 网 址	http://www.ifengspace.cn
印　　　刷	天津市豪迈印务有限公司

开　　　本	710毫米×1 000毫米　1 / 16
印　　　张	9.25
字　　　数	103 600
版　　　次	2018年2月第1版
印　　　次	2023年3月第2次印刷

标 准 书 号	ISBN 978-7-5537-8738-1
定　　　价	49.80元

图书如有印装质量问题，可随时向销售部调换（电话：022-87893668）。